花の美をじっくり眺める図鑑

花美
【Ha na bi】

文＊写真
江見 敏宏

花

花は美しい

写真を撮り始めて30年以上。様々な被写体と向き合い試行錯誤する毎日です。つくづく思うことは自然の作りだすものは美しい、自然美にまさるものはないと、思い知らされることばかりです。今回紹介する花はその最たるもので、特別なものではない、私たちの身近にある美しい花に目をむけ、紹介させていただくことになりました。

ここで掲載している花は、樹木から多年草、一年草まで様々。その中でも「じっくり見ることは少ないけれども」とても美しい、変わっている、懐かしい、と感じる花を中心に選びました。多くの人がよく知られている、バラとかチューリップはあまり掲載していません。

そして並び順ですが、花の名前や色ごとではなく、撮影日順に掲載しました。日本には四季があり、季節ごとに違った景色を見せてくれます。そして花は毎年同じ時期に開花するのです。なによりも見られる方がより感覚的に見ていただけると思います。

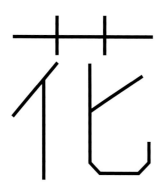

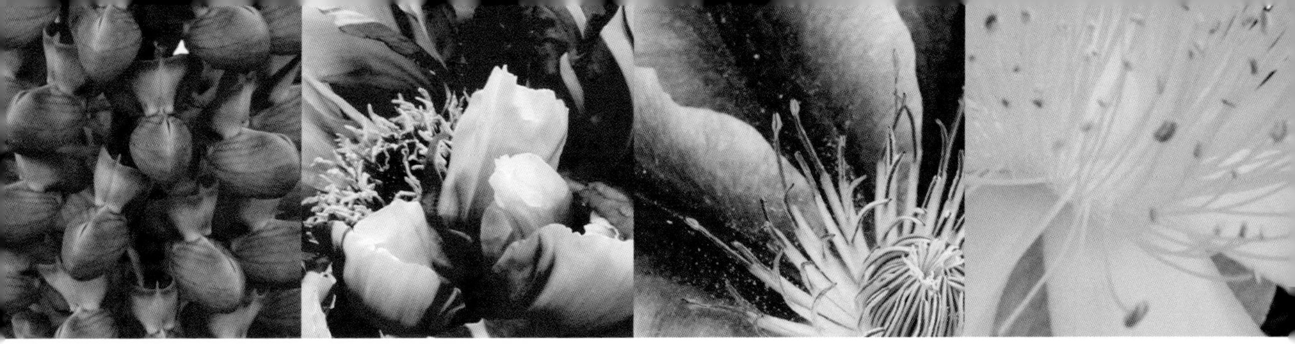

次に、その花にまつわる特徴や、私たちとの関わりなどの興味深い内容を簡単に紹介させていただきました。私たちの生活とどのような関わりがあるか、どのような問題があるかなど、美しいばかりではなく、より深く知っていただきたいとの思いがあります。普通の図鑑ではあまり扱わないネタを盛り込んでいますので、ぜひお楽しみください。

最後に、花の撮影にあたり私はかねがね写真は撮る物ではなく、伝えるものと考えています。「花は美しい」ということが伝わる様、花のフォルムと色彩にこだわり撮影。デジタルデータの加工技術で、最高に表現できるように処理しました。少しでもその思いが伝わればと願います。

花たちは、精一杯に花びらを広げ、鮮やかな色彩を放ち、ある物は芳香を漂わす。花もなにかを伝えようとしているのだろうか？　そんな思いがします。

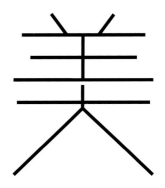

2020年4月吉日　江見敏宏

美

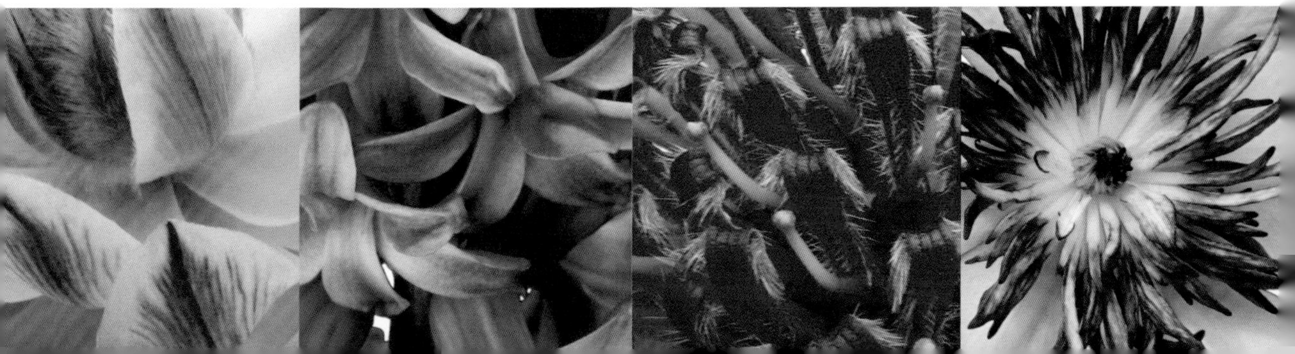

Contents

冬▶▶▶▶春

春▶▶▶▶夏

Winter ▶

Spring

Contents

夏▶▶▶▶秋

Summer ▶

Autumn

秋▶▶▶▶冬

Winter 冬

春 Spring

クリスマスローズ

Hellebore　1~3月

クリスマスの時期に咲く花っぽい名前だが、実はクリスマスが過ぎてから咲くお茶目な性質。和名が「寒芍薬」と薬用植物っぽく、実際も薬用植物として導入されたのだが、なぜか毒性は強い。服用厳禁。

カンザキアヤメ

Algerian iris　1～3月

和の趣が漂うが、原産地は北アフリカ～中東の地中海沿岸。19世紀に植物学者によってアルジェリアからイギリスに紹介され、広く知られるようになった。最近は、地下茎に重要な成分が含まれているとわかり、医学界から注目を集めている。冬の花だが、存在は強い。
アヤメは暖かくなってから咲く印象が強いので、真冬に遭遇してびっくりする人が多い。雪に埋もれるカンザキアヤメを見るのは一興。雪や草をかき分けて、凛々と咲くその姿をぜひご確認いただきたい。

スズラン

Lily of the valley　3〜4月

愛らしい姿が人気だが、毒草としても有名。とくに花と根は毒性が高く、スズランを浸けた水を誤飲すると最悪死亡する。綺麗な花には……を地でいく植物。

ローズマリー

Rosemary　　1～5月

薬草として使われることも多く、記憶力改善、花粉症緩和、育毛効果などがあるとされる。が、薬効についての科学的証拠はほとんどない不思議な植物。「草」と思われている人が多いが、実は「低木」。成長は遅いが30年ほど生きる。うまく育てると樹高1.5m、稀に2m近くにまで達する。

ポインセチア

Poinsettia　11～2月

赤い部分が花と思われがちだが、これは苞という葉っぱの一種。花は中心の黄色い部分である。別名がクリスマスフラワーというだけあって冬の花の代表格。にもかかわらず寒さに弱く、外に置くと枯れる。いろいろ意外性の多い植物なのだ。

ラナンキュラス

Persian buttercup　2～4月

南西アジアから地中海沿岸が原産地。16世紀、十字軍によってヨーロッパにもたらされ、品種改良が進んだ。日本には明治中頃に渡来。ゴージャスさと花持ちのよさから、切り花として大人気。[illegible]ったら、この花をチョイスするに違いない。

スイセン

Daffodil　12～4月

とても和風な花なのだが、実は原産地はイベリア半島の地中海沿岸。日本には室町時代以前に中国を経由して入ってきたらしい。日本の気候にマッチしたこともあり各地で野生化。越前海岸の群落はとくに圧巻なので、ぜひ行ってみよう。

Spring 春

夏 Summer

フクシア

Fuchsia　4~7、10~12月

記憶に残るこの花色はフクシャ（フューシャ）と呼ばれ、様々な分野に影響を与え続けている。服飾や化粧品の「フューシャピンク」はこの色をイメージ。車のカラー「フレッシュフクシャメタリック」も同様。

マンサク

Japanese witch hazel　2〜3月

日本原産の植物。昔は細い枝を使ってロープとして使用した。合掌造りには今もマンサクロープが使われている。

サクラソウ

Japanese primrose　4～5月

大阪と埼玉の県花。理由は、大阪では金剛山麓に原生種が、埼玉では荒川沿いに原生種が自生していたため。埼玉の羽生ヶ原では自生地が国の特別天然記念物に指定されている。近くの人が羨ましい。

スノードロップ

Galanthus　2〜3月

日が当たる花が開き、夜になると閉じる、という特徴がとてもキュート。一部に伝わる「死を希望する」という隠し花言葉はガセ。花言葉の本場ヨーロッパでは縁起の良い花として愛されている。ヨーロッパ原産ということもあり、キリスト教からみの逸話がやたらと多いが、この花姿を見ると宗教と絡めたくなる気持ちがなんとなく分かる。

ウメ

Japanese apricot

1～3月

古くから親しまれ、万葉集では桜よりも多く詠われている。当時はお花見といえば梅の花見。デザイン面でも古来より愛され、現在でも[illegible]模様として吉祥柄の定番。

ヤブツバキ

Tsubaki　11～12、2～4月

日本原産のヤブツバキが原種。他家交配の上に近縁種とも簡単に交配するため、やたらと変異が発生する。おかげで古来より品種改良が進み、今では5千を超えるとか。

ネコヤナギ

Rose-gold pussy willow　3～4月

水辺に自生しているため、乾燥には非常に弱い。春をイメージする花材として、生け花によく用いられる。あまり知られていないが、カブトやクワガタはこの木の樹液が大好き。クヌギほどマークされないので、穴場として利用すると親父の株がぐーんと上がる。

ミモザ

Mimosa　3～4月

1910年にコペンハーゲンで開催された国際社会主義会議において「女性の政治的自由と平等のために戦う」ことが提唱され、国連が3月8日を『国際女性デー』に制定した。イタリアではこの日に、母や妻、会社の女性などに感謝を込め、ミモザの花束を贈るようになった。そのことから、3月8日は「ミモザの日」と呼ばれている。町中が黄色い花に覆われる、なんともオシャレな日なのだ。

サクラ(オカメザクラ)

Okame cherry tree　2~3月

「オカメザクラ」ととても和風な名前だが、作出したのはイギリスのサクラ研究家のイングラム氏。まさかの英国産。日本産のカンヒサクラとマメサクラとの掛け合わせで生み出され、日本には1947年にやってきた。
マメサクラの影響により、花色は濃いめのピンクで、小ぶりな花が下向きに咲くのが特徴。ただ、カンヒサクラの影響によって2~3月の寒い時期に開花するので、モモの花と勘違いされることがちょくちょくある。

ハナカンザシ

Paper daisy　3～5月

花や葉茎がドライフラワーのようにカサカサなのが特徴。オーストラリアの乾燥した土地原産なので、雨に弱いので注意。

ジンチョウゲ

ボケ

Flowering quince　3～5月

ボケの花といえば、織田信長の家紋の一つ「木瓜紋」。花言葉の「先駆者」はまさに織田信長に由来する。実はご長寿な樹木で、群馬県の冠稲荷神社には樹齢400年のボケが健在。

トサミズキ

Spike winter hazel　3～4月

ハナモモ

Hana peach　3〜4月

ひな祭りの必須アイテム。モモには魔除けや長寿の力があるといわれ、美しさだけでなく健やかな成長を願う意味を込めて、女の子のお祭りにお供えをする。しかし、3月3日は開花前なので、お花屋さんで購入しよう。

カタバミ

Creeping woodsorrel

5～10月

道ばたや庭に普通にみられる雑草。昔は繁殖力が強いことから「子孫繁栄」として重宝され、長宗我部元親・盛親親子が家紋として使用していた。しかしその繁殖力の強さが仇になり、今では嫌がられる存在に。

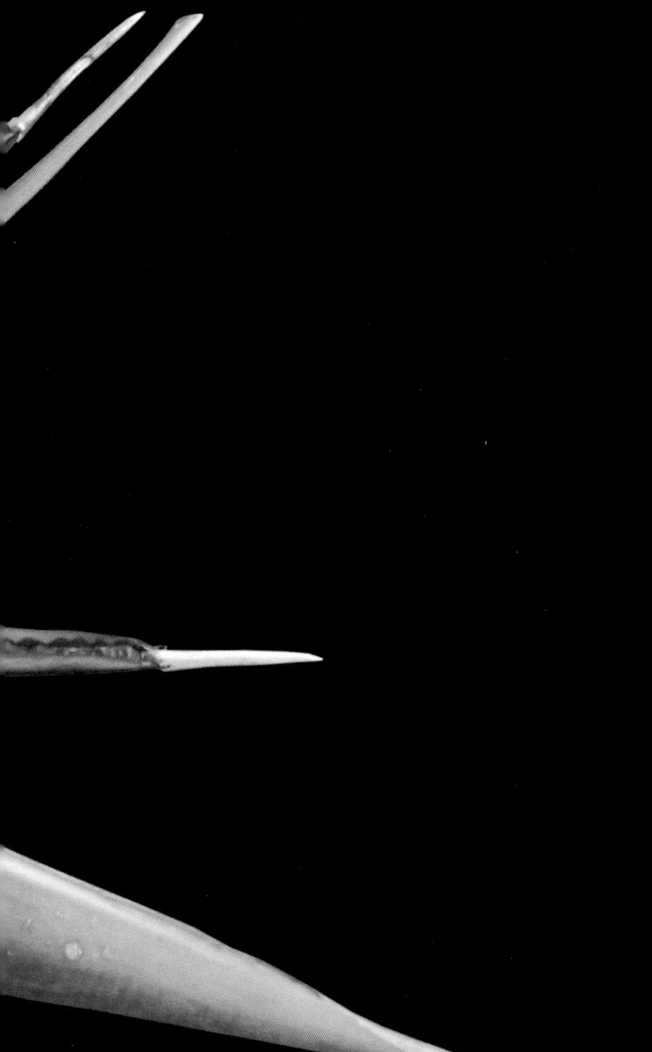

ゴクラクチョウカ

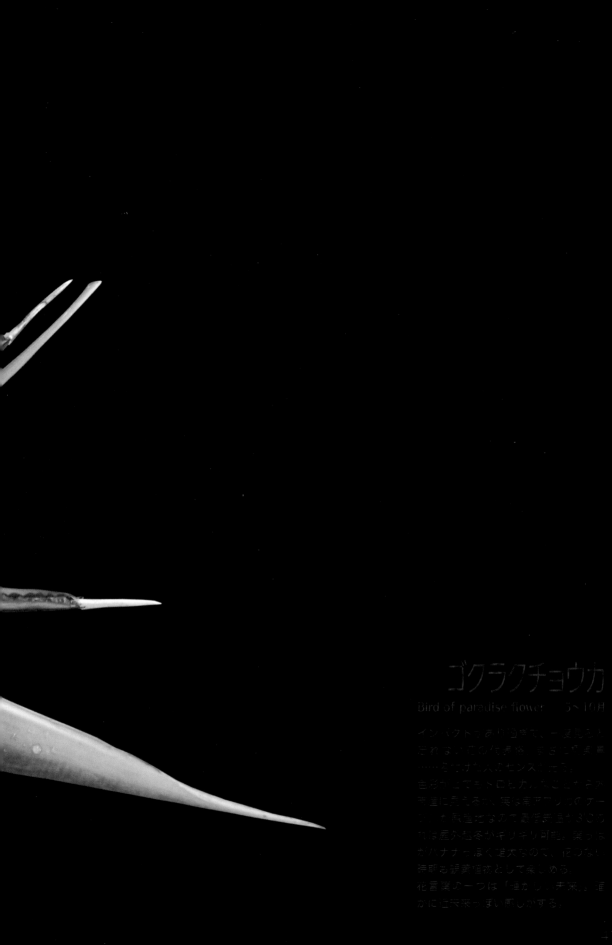

Bird of paradise flower　5～10月

インパクトがあり過ぎて、一度見ると忘れない花の代表格。まさに飛鳥……名付けた人のセンスが光る。
色形がとてもトロピカルなことから熱帯産に見えるが、実は南アフリカのケープ地方原産なので最低気温±3℃の地は屋外越冬がギリギリ可能。葉っぱがバナナっぽく雄大なので、花のない時期も観葉植物として楽しめる。
花言葉の一つは「輝かしい未来」。確かに近未来っぽい感じがする。

サンシュユ

Japanese cornel　3～4月

ハルコガネバナ（春黄金花）という艶やかな別名がある。案外大きく育ち、樹高が15m近くにまで達することも。秋につける実は生薬に使用され、強精薬や解熱作用があるといわれている。

ヒヤシンス

Common hyacinth

2〜4月

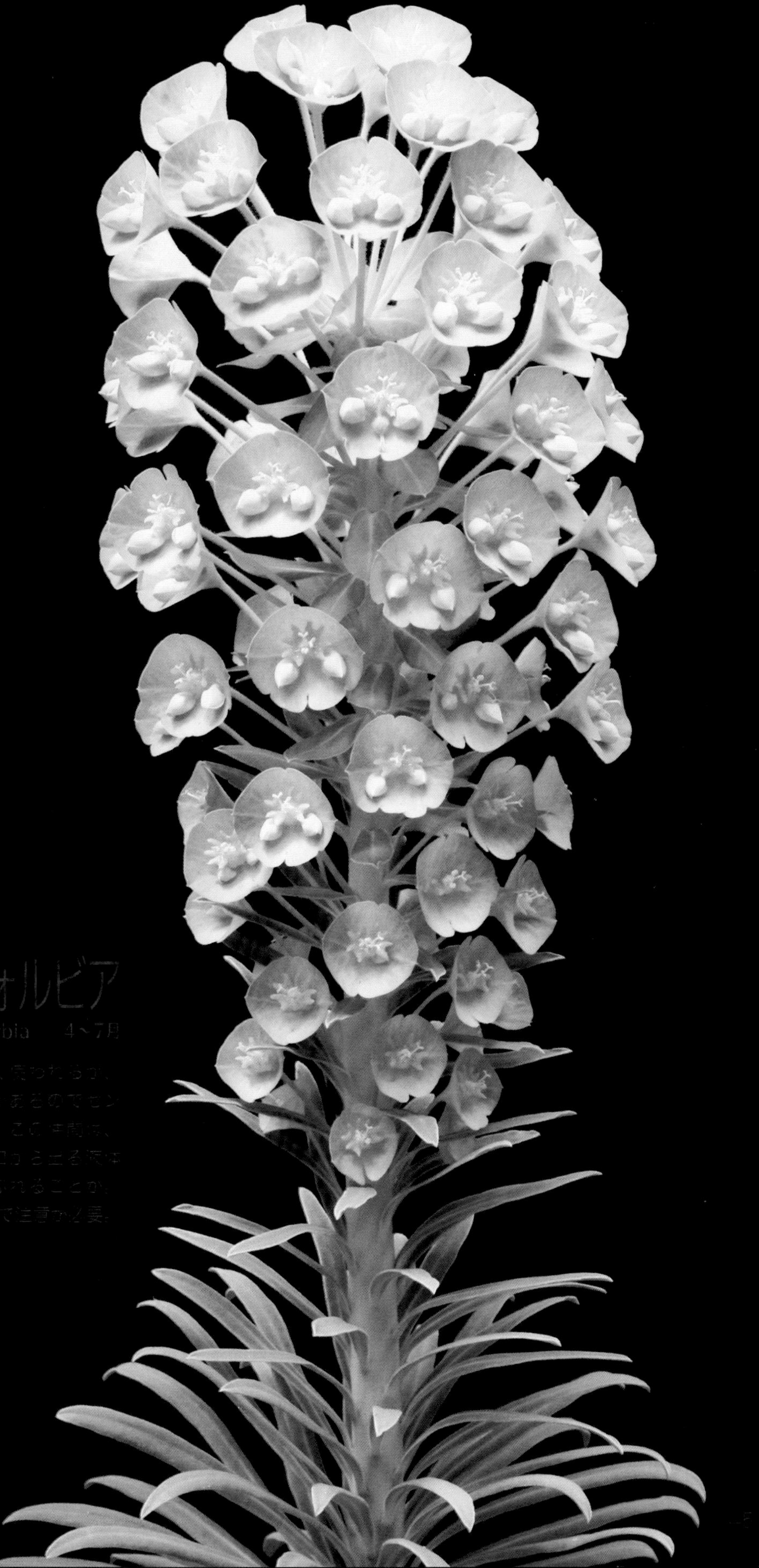

ユーフォルビア

Euphorbia　4～7月

寄せ植えによく使われるが、とても存在感があるのでセンスが問われる。この仲間は、葉や茎の切り口から出る液体に触れるとかぶれることが、いろいろな意味で注意が必要。

ハクモクレン

Yulan magnolia　　3～4月

「ハクモクレンは、紫の花を咲かすモクレンの色違い」という認識を持たれていることが多いが、実は全く違う存種。実際、ハクモクレンは20mの大木になるのに対し、モクレンは成長してもせいぜい5mくらい。開花期も半月ばかりハクモクレンのほうが早い。ハクモクレンに代表されるモクレン属は進化的に非常に古く、9500万年前の白亜紀の地層からも見つかっている。ティラノサウルスの出現が6800万年前なので、その約3000万年も前から存在していることに。すごいな！

アネモネ

Anemone　2〜5月

薄くて[illegible]花びらが[illegible]美しい[illegible]。色のついた部分は、花びらではなくガク（萼）。花の下、いわゆるつぼみの茎には、ところどころにある葉のようなもの。ガクではなくつぼみを包んでいた苞葉。なんともミステリアスなつくりなのである。
[illegible]な色[illegible]伝説とよく結び付けられる。一説には、12世紀に行われた第2回十字軍によって聖地からイタリアにもたらされ、赤色が殉教者の血の生まれ変わりと信じられたとか。

コブシ

Kobushi magnolia　3～4月

かつては里山のシンボルツリー、花の開花が農作業をはじめる目安とされていた。別名の「田打ち桜」もここに由来する。果実（一説にはつぼみ）が拳（こぶし）に似ていることから「コブシ」とついたとか。[illegible]くのセンスが[illegible]。

セルリア

Blushing bride　　12~5月

ムスカリ

Grape hyacinth

ムラサキハナナ

Orychophragmus violaceus（3〜5月）

ブルボコディウム

Narcissus bulbocodium　2～4月

ヨーロッパ南西部から北アフリカにかけて分布する小さなスイセン。和名は「ペチコートスイセン」。名付けた人のセンスがキラリと光る。原産地では開花時期がばらばらで、北アフリカでは11月ころ咲くのに対し、ピレネー山脈では7月に咲く。日本では2～4月ころに咲くことが多い。スイセンの仲間というだけあって、葉や根が有毒。球根がタマネギ、葉がニラに似ているので、誤食すると酷い目に遭う。畑や庭に植える際にはくれぐれもご注意を。

アイランドポピー

Iceland poppy　3〜6月

ヨーロッパからシベリア、北アメリカの亜寒帯が原産。原産地では多年草だが、日本だと暑すぎて夏には枯れるため一年草扱いとなっている。英語名にIcelandとついているが、アイスランドはなぜか全く関係ない。葉は食べることができ、壊血病を防ぐビタミンC源として利用されていた時代もあった。古来から麻薬で知るようにケシ科の植物ではあるが、アイランドポピーから麻薬を生産することはできない。安心して栽培しよう。

八重咲き

一重咲き

ヤマブキ

Kerria　　4～5月

日本人に愛され、万葉集以来さまざまな詩歌に詠まれてきた。とくに太田道灌とは縁が深く、ヤマブキにまつわる古歌を知らなかった自分を恥じて研鑽に努め、武将としても歌人としても名を轟かせた。ちなみに、絵の具などの「山吹色」はこの花色に由来する。

スイートピー

Sweetpea　1~6月

[illegible]

ベニバナトキワマンサク

Chinese fringe flower　4〜5月

葉も赤みがかっており、遠くから見ると花と葉が区別できない素敵な花樹。原種のトキワマンサクは日本にも自生しているが、静岡県湖西市、熊本県荒尾市、三重県伊勢市にしか生えていない。野生種は超レアなのだ。

リキュウバイ

Common pearlbush　4～6月

清楚な雰囲気が茶人に好まれ、茶庭によく植えられている。名前も茶人の千利休にちなんでおり、「千利休の命日に咲く」という逸話まである。でも、日本にやってきたのは明治期末。千利休没後からすでに約300年が経過していた。

ハナカイドウ

Hall crabapple　4～5月

古来より、美女を形容する花として名を馳せる。楊貴妃もこの花に例えられた。カイドウに例えられた経験のある女性は、周りに自慢していいレベル。花言葉の一つが「美人の眠り」。どこまでも美人と縁のある花である。

ハナズオウ

Chinese redbud　4～5月

中国原産。近縁種のセイオウハナズオウには、裏切り者のユダが首を吊った樹という逸話があるため「ユダの木」という別名がある。これが混同されて「ハナズオウはユダの木」といわれることがあるが、当時のイスラエルにハナズオウは生えていなかった。

アメリカザイフリボク

レンギョウ

Golden bell　3～4月

300年ほど前に中国より薬用植物として渡来。その実が漢方薬として現在でも利用されている。英語名の一つは「イースターツリー」。復活祭のころに咲き、その枝がイエスの復活を祝して手を振っているように見えるためだとか。

シモクレン

Purple magnolia　3～4月

昔は単に「モクレン」と呼ばれていたが、ハクモクレンがよく見られるようになったため、区別のために「シモクレン（紫木蓮）」と呼ばれることが多くなった。中国南西部が原産地だが、野生の株は開発の影響で激減している。

アジュカ

Bugleweed　4～5月

美しい葉を一年中見せてくれる人気の多年草。耐陰性も高く、春には木陰など目立たない所でも花を咲かせてくれる名脇役。薬用成分も含まれており、甲状腺疾患改善のための研究などにも利用されている。なんとも素晴らしい植物である。

オキナグサ

Nodding anemone　4〜5月

「[illegible]」を思わせるアフロヘアーのような風貌。これは花が終わって種となる前の状態。ここから種子が全て、タンポポのように風に飛ばされていく。ちなみに花はアネモネに似ており、下向きに咲く。なので英語名は「nodding anemone（うなずいたアネモネ）」。

ネモフィラ

シャガ

Fringed Iris　　4〜5月

日本の野山に普通に自生。面白いのは、中国の二倍体には種ができるが、日本の三倍体には種がなく、株分けでのみ増える。なので全てが同一遺伝子。どこで見ても同じなのだ。中国の二倍体は変異するので、いろいろなタイプがあるらしい。ぜひ一度見てみたい。

ポリジ

Borage・4～7月

地中海原産。ヨーロッパでは食用植物として愛され、種はオイル、葉や花はサラダやスープにして食される。風味はキュウリ。ミツバチが好む花で、とくにマルハナバチがやってくる。イチゴやトマトと一緒に植えておくとガンガン受粉してくれるぞ。

ルピナス

シバザクラ

Moss phlox　4〜5月

北アメリカ原産の多年草。匍匐性があり、その姿がコケ（moss）に似ていることから英語名は「コケのフロックス」。雄大な土地一面に花を咲かせる姿は超圧巻。アメリカの栽培手引書を見ると「ウサギによる損傷注意」とある。お国柄ですね。

コデマリ

Reeves's spiraea 4～5月

中国中南部原産の落葉低木、古くに渡来したとされ、江戸時代初期にはすでに栽培されていたようです。よく似ている花にオオデマリ、ユキヤナギ、シジミバナがあり、ともよく間違えられるところが多い。

シラー・ペルビアナ

Portuguese squill　4〜5月

名前は「ペルーのシラー」という意味なのだが、本種の原産地はイベリア半島、イタリアおよび北アフリカの地中海沿岸。ペルーとは全く関係ない場所である。これは「The Peru」と呼ばれる船でこの植物が届いたことを、植物学の権威カロルス・クルシウスが間違えたのが事の発端。この名前を、よりによって分類学の父カール・フォン・リンネが採用するというミラクルが重なり、学名として確定してしまった。なんとも不思議な名前である。

オオデマリ

Japanese snowball　5～6月

日本原産のヤブデマリの園芸品種とあるが、実はよくわかっていない。一見するとアジサイに似ているが、こちらはスイカズラ科。咲き始めは緑色で、徐々に真っ白になっていくのが面白い。近所に植わっていたら、花色の移り変わりを探してみよう。

デルフィニューム

Delphinium　5〜7月

鮮やかなブルーが欧米の結婚式で大人気。花嫁にブルーのアイテムを身に付けさせると幸せになるという「サムシングブルー」にあやかり、デルフィニュームの花がブーケによく利用される。新しい門出を祝う、幸せを呼ぶ花なのだ。

ハナミズキ
ピンクッション

ライラック

Lilac　　4〜6月

バルカン半島原産。16世紀にオスマン帝国の庭園から神聖ローマ帝国大使を通して広まった、という[illegible]い経歴を持つ。[illegible] い。今では世界の一部で[illegible]しているが、[illegible]な増殖をしないので[illegible]に愛されている。こういうところもライラックらしくて素敵。

カモミール
Chamomile 5~9月

ユリノキ

Tulip tree　　5〜6月

初夏、ユリのような大きな花をたくさん咲かせる素敵な木。しかし高い場所で咲くことから、見たことある人は少ないかも。緑がかった目立たない色合もその一因。ユリノキはけっこうよく植わっているので、初夏に見上げるとお目にかかれるかも。

セリンセ・マヨール

Cerinthe major

[illegible]

シャクヤク

Chinese peony 5~6月

ジギタリス

ラベンダー

Lavender　5〜9月

ラベンダー畑といえば北海道富良野。実はラベンダーを目にするというのは歴史が浅く、1970年ごろまでは大生産地フランスにおいて[illegible]生産[illegible]収穫していた。古くから用いられ、古代ローマでは[illegible]労働者1カ月分の賃金に相当するほどだったとか。

アクレイギア

Granny's bonnet　5～6月

[illegible]

シラン

Hyacinth orchid

オオヤマレンゲ

Oyama magnolia

ヒルザキツキミソウ

Pinkladies　4~6月

月見草系では珍しい昼咲き。なので名前が「昼咲き月見草」、そのまんまである。北アメリカ原産の帰化植物で、関東以西でよく見かける。開花前の蕾や茎がけっこう美味しいらしく、欧米の一部ではサラダで食す。一度食べてみたい。

キンギョソウ

Snapdragon　4～7月

地中海沿岸原産。花が金魚に似ていることから「金魚草」。ちなみにイギリス人の感覚だとドラゴンの口に似ているらしく、英名は「snapdragon（嚙みつきドラゴン）」。なお、ギリシャ人には動物の鼻に似ているように見えるらしい。へー。

ヒナゲシ

Corn poppy　4～5月

中国では「虞美人草」と呼ばれ愛されている。項羽が垓下の戦いで敗れた際、愛人・虞が自害、その墓に咲いた花というのがその由来。イギリス連邦諸国では世界大戦戦没者の象徴として扱われる。イギリスのキャメロン首相が訪中時にこの花を身に着けて戦没者を慰霊したところ、見た目がケシなことから、アヘン戦争の屈辱と関連して外交問題に発展したことも。歴史にまつわる逸話の多い花なのだ。

ジャカランダ

Jacaranda　3～6月

日本人にはあまり馴染みのない花木であるが、「世界三大花木」に挙げられる。ちなみに他の二つはフランボヤンとスパトデア。……どれもあまり聞かない名だ。世界三大花木だけあり、花の時期は美しい。とくにネパールにたくさん植わっているので、4月末ごろにいくと幻想的な風景に出会える。面白いのは、花木にしては気分屋なところ。ずーっと咲いていたのにある年突然咲かなくなったり、また咲きだしたりする。こういうところも魅力的。

ブラシノキ

Scarlet Bottlebrush

ヤツシロソウ

Clustered Bellflower

ガウラ

カンパニュラ

Bellflower　5～7月

スカビオサ

Scabious　5～10月

スカビオサには約70種あり、春咲きのセイヨウマツムシソウがよく流通している。[illegible]

ベロニカ・ロンギフォリア

Garden speedwell　4～7月

[illegible]

アリウム・ギガンテウム

Giant onion　　5～6月

ぱっと見小さそうだが、実はソフトボールぐらいあるのでインパクト抜群。英語名は「giant onion（巨大タマネギ）」。ド直球な名前だが、実際ネギの仲間なので的を射た命名だ。ちなみに、ネギだけあって茎や葉は食べられるぞ。

ニゲラ

クリソセファラム

ホタルブクロ

Spotted bellflower　　5～7月

繊細そうな雰囲気だが、実は増えすぎて困るくらい強い生命力がある。条件が合えば地下茎でガンガン増えていくぞ。名前の由来は、子どもが捕まえたホタルをこの花に入れたとか。姿と名前の優雅さと、生命力のギャップがいい味を出す。

Summer 夏

秋 Autumn

ブルースター

Tweedia flower

オルラヤ

Orlaya　　4~7月

地中海地方原産。ホワイトレースとも呼ばれ、真っ白なレースを纏うように花壇に広がる。昆虫を呼ぶ花として人気で、とくに幼虫が害虫を食べてくれるハナアブがやってくることから、欧米のガーデニングによく利用される。

ハンゲショウ

Asian lizard's tail　6〜7月

漢字だと「半夏生」。半夏生は雑節の一つで、7月2日から七夕までの5日間を指す。このころに咲くのが名前の由来の一つ。他説として、葉の半分が白くなるので「半化粧」。実際に見ると花より葉の白さが目立つ。皆さまはどちらの説を支持します？

タチアオイ

Common hollyhock　7～9月

原産地は不明だが、最近はバルカン半島あたりで作出された説が有力。もともとは薬用植物として世界各地に伝播したが、次第に園芸植物として注目される。ヴィクトリア朝時代のヨーロッパでは、野心と繁栄の象徴として大いに愛された。

ラティビダ

Mexican hat　6～9月

カナダ南部からメキシコ北部に広く自生。けっこうどこにでも生えているので、原産地ではほぼ雑草扱い。英語名の一つ「メキシカンハット」はストレートすぎて忘れられない名前。名付けた人のセンスがキラリと光る。

アカンサス

Bear's breech [illegible]

[illegible]

ヒペリクム・カリキヌム

Aaron's beard　　6〜7月

和名は「西洋金糸梅」。見たまんまでこちらの方が覚えやすい。金糸のようなものは雄しべ。西洋では薬用植物として古くから知られ、喘息治療に使用される。最近では抗うつ薬と同様の効果があることがわかり、副作用の小さい抗うつ薬開発が進行中。

ナデシコ

Dianthus　6～9月

秋の七草の一つ。日本人に古くから愛され、『万葉集』をはじめ『枕草子』や『源氏物語』などの古典に数多く登場。花名「ナデシコ」は、愛児の呼称「撫でし子」から転じたらしい。そこから派生して女性にも適用されたとか。人一花一人、という流れだったのですね。

ストケシア

Stokes' aster　6～9月

分類的にちょっと珍しく、ストケシア属にはこの種だけが存在する。ちなみにこの属名は18～19世紀に活躍したイギリスの医師・博物学者ジョナサン・ストークスを讃えつけられた。和名は「瑠璃菊」。こちらも素敵な名前である。

ヤマアジサイ

Mountain hydrangea　　6〜7月

アジサイといえば、ボリューム感のある手まりをイメージするが、ヤマアジサイは繊細な佇まいと可憐な雰囲気を持つ。なんとなく親しみを感じる方も多いと思うが、実は、ヤマアジサイの多くは日本の固有種である。

テッセン
(クレマチス・フロリダ)
Asian Virginsbower 5～7月

カサブランカ

6~8月

ナンテン

Nandina domestica　6～7月

シロタエギク

Silver ragwort　6~8月

シルバーリーフが大人気。夏には春菊のような花をたくさん咲かせてくれる。地中海沿岸原産だが、今ではヨーロッパの北側や北アメリカにも帰化。ただ、沿岸地域の岩場が生息地域で、内陸にはほとんど入ってこないこともあり、侵略的外来植物としてはそれほど敵視されていないようだ。

エゴポディウム

Bishop's gout weed　6月

ユーラシア温帯原産。日陰に強いカラーリーフのグラウンドカバー植物として人気。ただ、繁殖力が強く地下茎で広がるので、一部では雑草とされている。アメリカの一部の州では、販売に制限が設けられているほどだ。逆に言うとそれだけ育てやすい。

ヘリオトロープ

Cherry pie　5~10月

バニラのような甘い香りが特徴。英名の「チェリーパイ」はその香りが焼き立てのチェリーパイに似ていることに由来する。香水の原料として古くからヨーロッパで盛んに栽培されている。なお、有毒植物なので食べるのは厳禁。

セントーレア

Centaurea　5〜8月

ムラサキツユクサ

Spiderwort　5～7月

ラムズイヤー

ヘメロカリス

Daylily　6～8月

[illegible]で美しい花であるが、一日花と[illegible]たった1日でしぼむ。[illegible]英名「Daylily」と[illegible]「ワスレグサ」[illegible]これも[illegible]である。[illegible]1日でしぼむものが多いのだが、1本の茎に20～30個ものつぼみがついていて次々と開花するので、長期間にわたって楽しめるように見える。

[illegible]

ヒシバデイゴ

Camden coral tree　　6～9月

1840年代にオーストラリアの植物園でアメリカデイゴとヘルバケアを交配して作られた園芸種。ちなみに日本では、第11代将軍・徳川家慶のもとで老中・水野忠邦が天保の改革を断行、挫折を迎えようとしていた。隠された時代背景に思いを馳せるのも、花を楽しむ面白さの一つかもしれない。

センニチコウ

Globe amaranth　6～10月

花っぽいところは「苞」という葉の集まりで、花そのものは苞の先にある黄色いところ。苞の色持ちが長く、まるで花がずっと咲いているようなので「千日紅」と呼ばれる。ちなみに苞は喘息緩和のためにお茶として服用することも。

エゾミソハギ

Purple loosestrife　　7~9月

夏になると、日本各地の小川や田んぼの畔などで普通に咲いている。日本の原風景には欠かせない植物なのだが、実は海外の一部で問題化。とくに北アメリカやニュージーランドの河川では大規模に帰化しており、今では世界の侵略的外来種ワースト100にランクインしている。

モナルダ

Scarlet beebalm　5~9月

[illegible]

キョウチクトウ

Oleander

アーティチョーク

globe artichoke　6〜8月

若いつぼみが欧米での定番野菜。日本でも近年は百貨店やスーパーでも見かけることがある。つぼみを茹でて萼の根本を齧ると、百合根のようなホクホクした味わいが楽しめる。葉に鋭い棘があるので取り扱い注意。育てるには気合が必要だ。

クレオメ

spider flower　7～10月

[illegible]

セイヨウニンジンボク

ポンテデリア・コルダータ

Pickerelweed

エキナセア

Coneflower　6～9月

欧米を代表するハーブで、風邪のときによく使用される。ただ、効能は医学的に見解が分かれ、はっきりしない。そもそも風邪時の使用は、欧州の製薬会社が「ネイティブアメリカンが風邪予防に使っている」と誤解したのが始まり、という説まである。

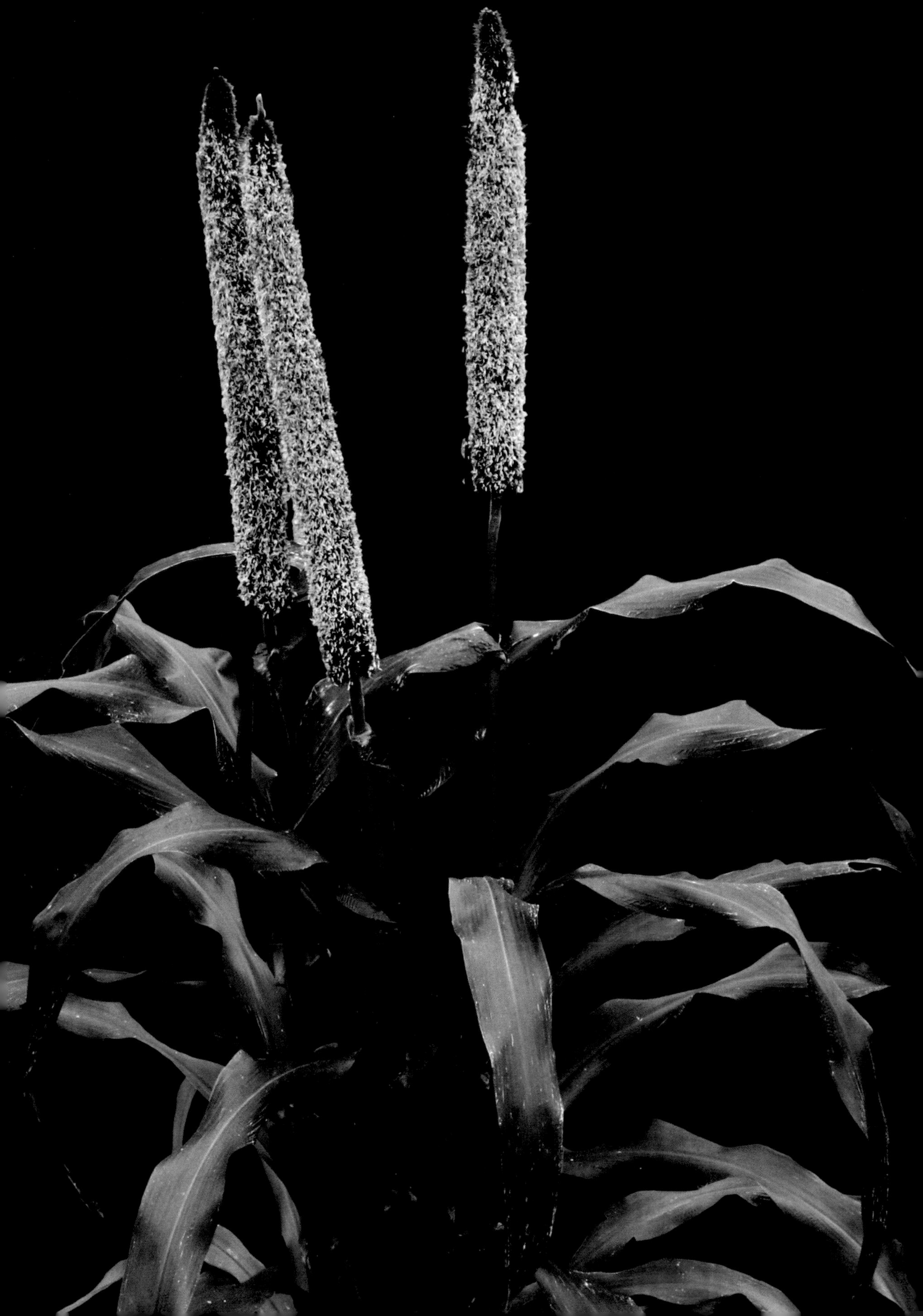

ガイラルディア

Blanket flower　6～9月

[illegible]

キキョウ

Chinese bellflower　5～9月

ギボウシ

Plantain lily　7～8月

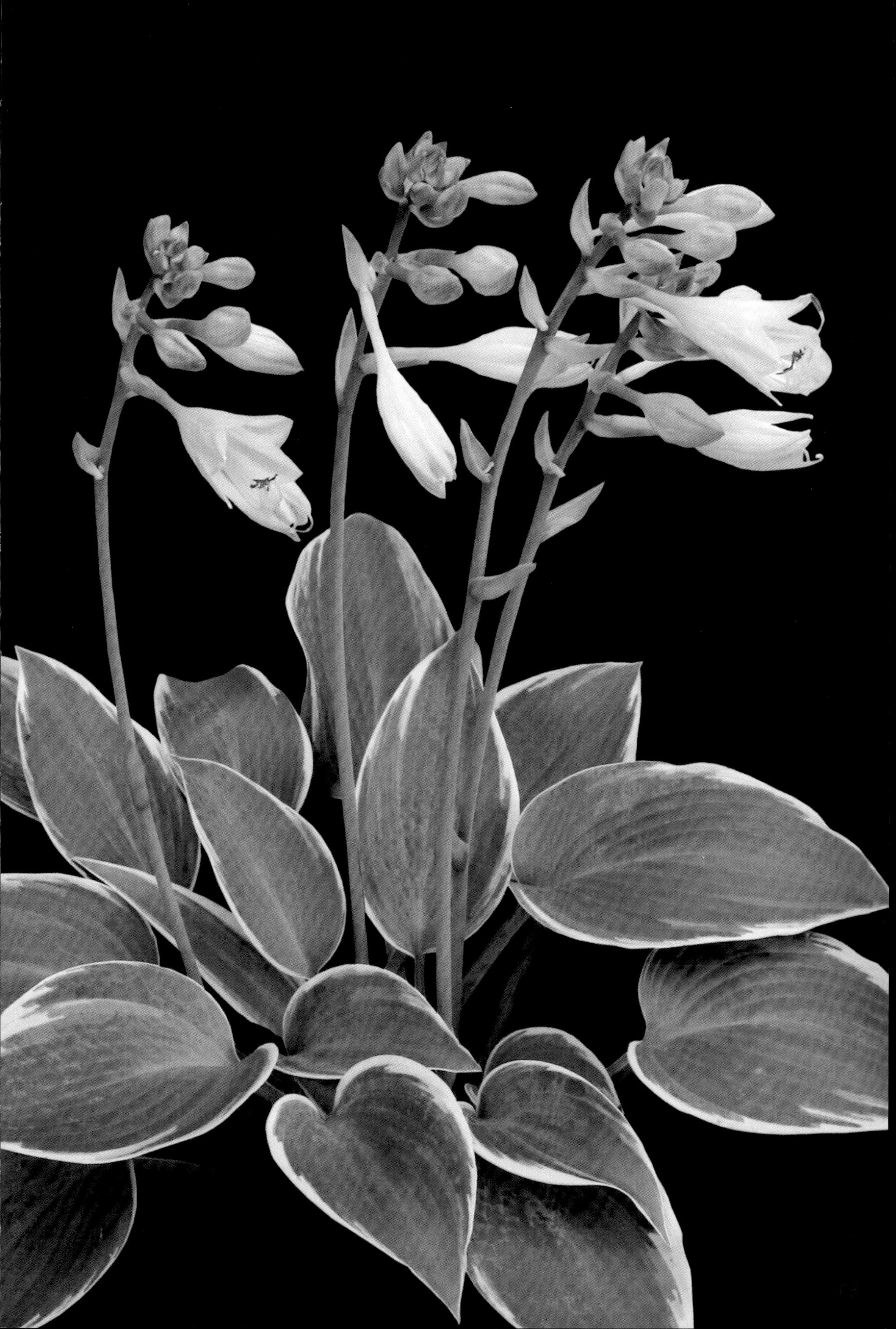

ハス

Lotus　7月

ハスといえば、なんといってもレンコンだろう。レンコンといえば穴。実はこの穴は呼吸用の空気穴。ハスが育つ水底の泥中には酸素が少ないため、水上の葉からレンコンにまで空気を届けている。恐竜時代のころから空気を吸っていたと考えると、胸が熱くなる。

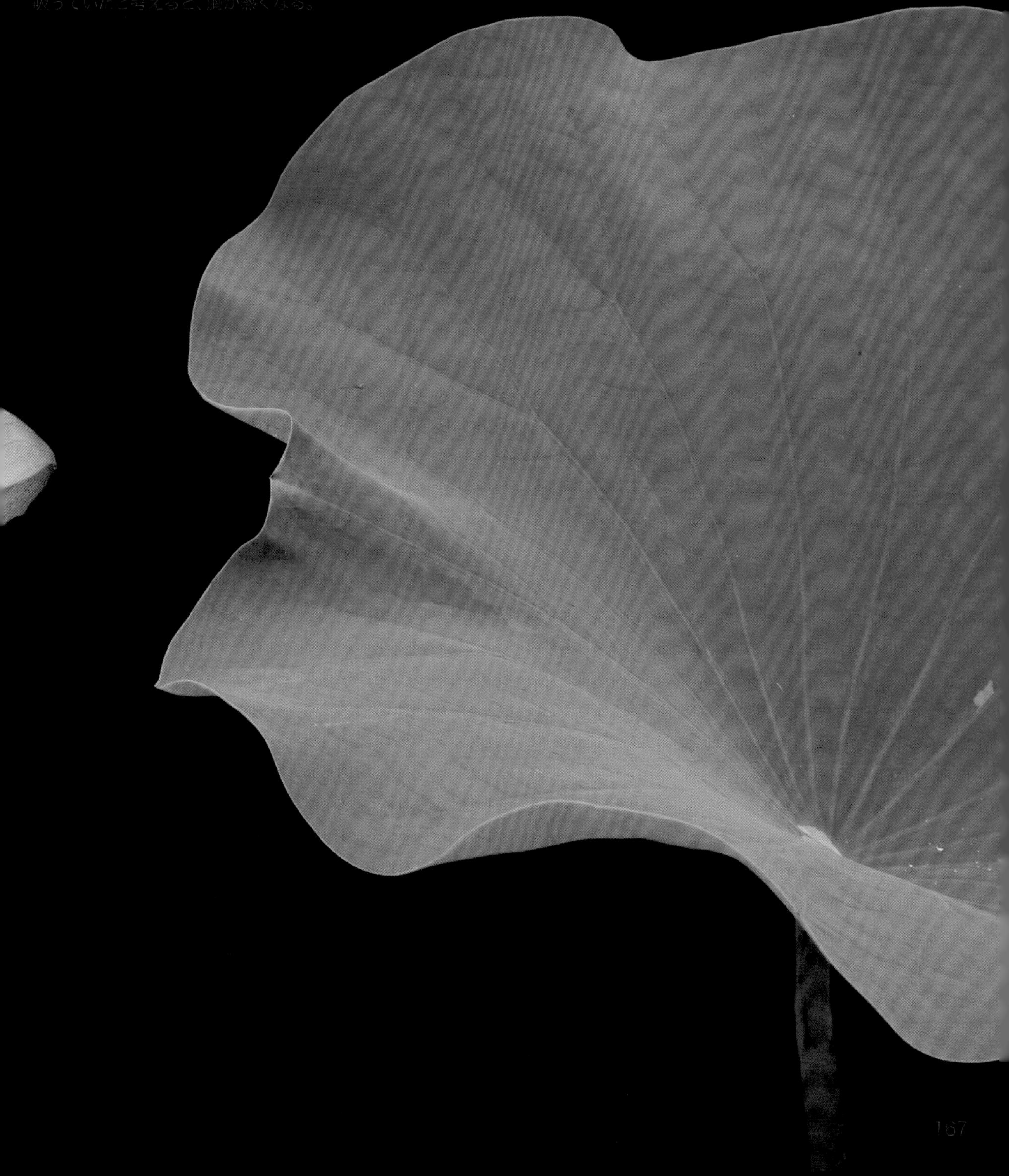

ベニバナ

Safflower　5〜7月

人類最古の作物の一つで、古代エジプト第12王朝の遺跡からベニバナで染められた織物が見つかっている。日本でも古墳時代から染料としての栽培が始まり、江戸時代に一大生産地となった山形では、県花として愛されている。

ベロペロネ

Shrimp plant　　6～10月

和名は「小海老草」で、英語名も「shrimp plant」。確かにエビの尾っぽい「苞」とあるが、実際は1mほどの低木。原産地はメキシコである。現地ではハチドリがやってくる花としても知られ、受粉はもっぱらハチドリに頼っている。

アスター

China aster　6~9月

仏花の定番中の定番で、お墓に行けばほぼ100%見ることができる。他の花材に合わせやすく花色も豊富なので、和風、洋風を問わずフラワーアレンジメントに投入できる。どんなシーンでも活躍可能な万能の花といえよう。

ヒオウギ

Blackberry lily　7〜8月

祇園祭の厄除けとして用いられ、京都では祭の期間に各家でヒオウギを飾る風習がある。これは、ヒオウギを用いて悪霊を退散させた伝説に由来する。夏の京都に行けば、寺社や庭園の花壇でヒオウギを目にすることもあろう。まさに古都が守る風物詩の花なのだ。

デュランタ

Golden dewdrop　6～10月

メキシコからカリブ海諸島、南アメリカに自生する樹高2～4mの低木。見た目が華やかなこともあり、世界中の熱帯・亜熱帯ガーデンで大人気。おかげで逸脱した個体がいろいろな場所に帰化し、オーストラリアでは侵略的外来植物の最高ランクに指定されている。ほのかな甘い香りが特徴で、この香りに惹かれてたくさんの虫が集まってくる。とくにアゲハチョウ、スズメガ、シジミチョウといったヒラヒラ系はこの花が大好きなのか、花の香りをよく知っているぞ。

スイレン

Water lily　　5～10月

放射状に広がる花姿や、朝開き夕方には閉じるという花の習性から、古代エジプトでは太陽のシンボルとされており、装飾のモチーフや神話などに使われてきた。仏教ではハスと並ぶ最高位の植物で、「蓮華（れんげ）」という総称で呼ばれる。泥から生えて美しい花を咲かせるという点が、「不浄なものに染まらず清く生きる」という仏教の教えにぴったりだったのだろう。
ちなみに、スイレンは漢字で書くと「水蓮」ではなく「睡蓮」。蓮より開花時間が短いことに由来する。

ホテイアオイ

Water hyacinth　8～10月

花が美しく水があれば育つので人気が高い。ただ繁殖力が非常に強く、河川湖沼に蔓延すると多方面に破滅的な被害を及ぼす。「世界十大害草」、通称「Blue devil（青い悪魔）」とまで言われるが、これは誇張ではない。[illegible]

ジンジャー

Ginger lily　7〜11月

ジンジャー・リリーなので生姜と
思われがちだが、食用生姜とは別
[illegible]
[illegible]開花
[illegible]ジャスミンのような
[illegible]で、香水の原
料としてよく利用されているそう。

ハナトラノオ

Obedient plant　8～9月

北アメリカ原産。[illegible]

タマスダレ

Autumn zephyrlily　9～10月

南アメリカ原産。さまざまな場所で手軽に育つため、世界中に帰化している。日本には19世紀にやってきたが、今ではすっかり日本の風景に溶けこんでいる。名前の由来は、簾のような葉の中に玉のような花が咲くからとか。

ソラナム・ラントネッティー

Blue potato bush　5〜11月

「リシアンテス・ラントネッティー」が今名なのだが、日本では旧名で知られる。ナス科の低木なのでアカナスとも呼ばれるのだが、こちらは同科のプチトマトとなっている。ナス科のて[illegible]

キミガヨラン

Yucca　6〜11月

昔は学校や公園、役所などでよく見られたが、尖った葉先が危険とみなされ、最近は避ける傾向にある。非常に特殊な受粉システムを持っていて、ユッカガという蛾でないと受粉させることができない。万願寺トウガラシ似の実がふっさふさになるのだが、日本でそのシーンを見ることはできない。残念。

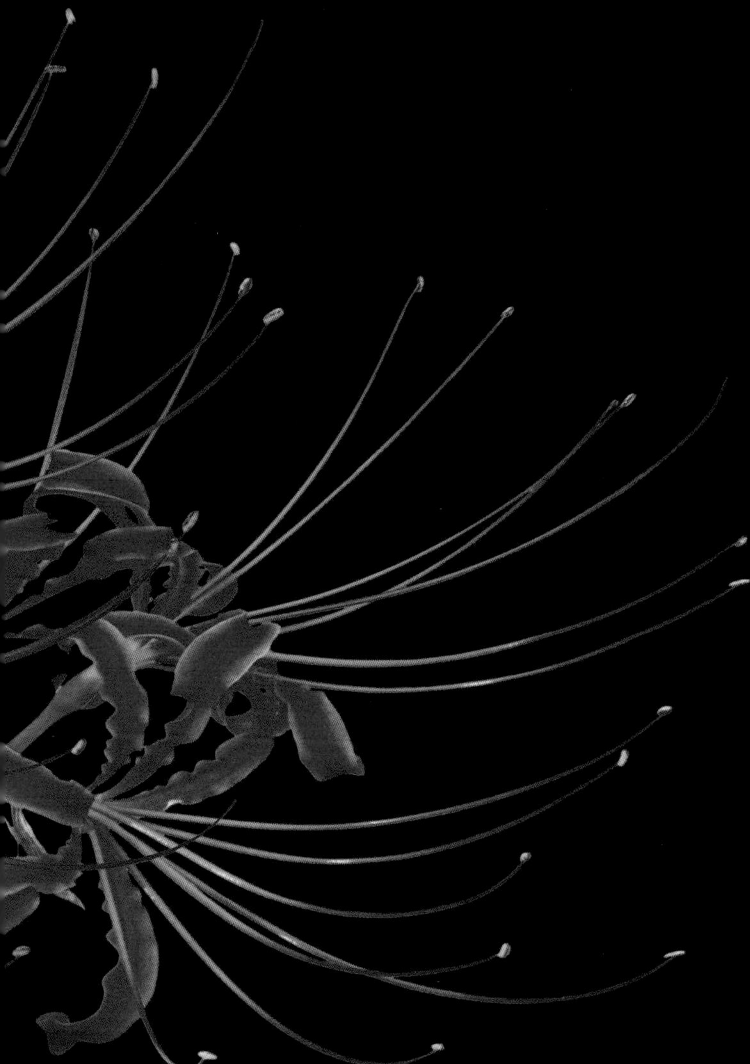

ヒガンバナ

Spider lily　　7〜10月

中国原産。日本にはかなり昔にやってきたとみられ、稲作伝来時に一緒に来たという説もある。有毒植物として有名だが、それは古代には知られており、日本人はこの毒を利用してきた。ヒガンバナは圃場（ほじょう）のあぜ道でよく見かけるが、これは有毒な球根で圃場を囲むことで、虫やモグラの侵入を防いだ名残。墓地も同様で、埋葬後に動物たちに荒らされるのを防ぐために植えた名残らしい。そのため「ヒガンバナ＝死＆墓地」と連想付けられ、日本人にとっては厳かであるものの暗い印象の植物になってしまった。
一方海外ではそういう歴史はないため、神秘的な美しさが素直に認められている。欧米では「リコリス」と呼ばれ、育てやすい花として園芸品種が多数流通している。

ダンギク

Bluebeard　　6～10月

東アジア原産。日本だと九州に自生する。葉っぱがキクに似ていて段々に咲くから「ダンギク」。そのまんまである。名前はキクだがシソ科の植物なので、花の香りはシソを彷彿させる。香りがよいので、ミツバチが盛んに訪れてくれるぞ。

クルクマ

Siam tulip　6～10月

クルクマはウコン属に分類され、食用・薬用として栽培されるものを「ウコン」、観賞用のものを「クルクマ」と分けて呼んでいる。熱帯地方原産ということもあり、夏の暑さをものともしない。花持ちがよいので花を長く楽しめる。

フランネルフラワー

Flannel flower　4~6、9~12月

花は中央の部分で、花びらに見えるのは萼が変化した苞。ここに柔らかな毛が生え、手触りがフランネルに似ているのでこの名がついた。シドニーを象徴する花とされ、シドニーにはこの花をモチーフにしたモニュメントがたくさんある。

ハギ

Bush clovers　7～9月

秋の七草の一つで、古くから日本人に愛されてきた。その愛されっぷりは万葉集を見ればよくわかる。万葉集では約30%で植物が詠まれているのだが、ハギの登場回数はなんと第1位。ウメ、ヒオウギ、マツをおさえ、142首に登場するのだ。

アスクレピアス

Milkweed　6〜10月

傷つけられると粘性のある乳白色の液体が滲み出してくる。この特徴が英語名「milkweed（ミルクの雑草）」の由来。花の構造が複雑なのが特徴で、その複雑さはランに匹敵。構造の複雑さは受粉方法にも表れており、さまざまな構造を発達させることで、花を訪れた昆虫に機械的に花粉を付着させている。
もう一つの特徴としてあげられるのは、有毒ということ。昆虫の幼虫による食害を減らすために全体に毒を持っている。この毒はなかなか有効ではあるのだが、一部の昆虫には効かない。わざわざアスクレピアスを食べ、その毒を蓄積して外敵から身を守っている昆虫がいるのだ。南北アメリカを大規模に渡りするチョウ、オオカバマダラはその代表格である。

Autumn 秋

冬 Winter

ツワブキ

Leopard plant　　10～12月

フキとよく似ているが全くの別種。フキは秋になると葉がなくなるが、こちらは常緑。日陰ですくすく育ち、しかも花の少ない冬季に咲くので、さまざまな場面で大活躍。フキ同様に茎が食べられるが、アクが強いので前処理が大変だ。

トリトマ

Red hot poker　5～11月

写真だと小さそうだが、花茎だけで1mになる多年草。長い大型の花穂が火かき棒そっくりなので、英語名が「red hot poker（真っ赤に焼けた火かき棒）」。アフリカ原産だが、南北アメリカ大陸に多く植えられ、ハチドリがよく訪れている。

フウセントウワタ

Balloonplant　7～10月

南アフリカ原産の低木だが、日本では冬に枯れるので一年草扱い。花よりも果実が印象的。見た感じ実の中は空のようだが、実際は綿毛が詰まっており、熟すとタンポポのような種子が弾け飛ぶ。花より実を楽しむ植物といえよう。

アブチロン・チロリアンランプ

Trailing abutilon　4～11月

花弁のような赤い部分は萼で、実際の花は黄色い部分だ。開花時期がものすごく長いのが特徴で、春から初冬まで楽しめる。原産地は南アメリカの熱帯・亜熱帯なのだが、なぜか寒さにけっこう強く、関東以西だと普通に冬越しができる。

ユリオプデージー

Grey-leaved euryops　11～4月

南アフリカ原産。見た目は草本っぽいが、実は常緑の低木で、樹高が1.5m近くにまで育つことも。花の少ない冬季に開花し、しかも長期間にわたって花を咲かせてくれる。その上、花のない時期もシルバーリーフで楽しませてくれるという超素敵な植物である。低木なだけあって、根張りはなかなかのもの。鉢植えだとすぐにパンパンになるので、地植えにオススメしたい。現地では岩の多い明るい斜面に自生していることもあり、多湿に弱い。風通しのよい場所で育てると、いい感じに育ってくれるぞ。

サフラン

Saffron crocus　10〜11月

花よりも3本の赤い雌しべが有名で、これを乾燥させたものがスパイスのサフランである。3500年ほど前に、クレタ島で原種の一種が見つかり、品種改良の末に現在のサフランになったらしい。スパイスのサフランは非常に高価で、現在でも1gあたり500〜1千円もする。

イソギク

Gold and silver chrysanthemum　10~11月

千葉から静岡、伊豆諸島の海岸に自生する日本固有種。花の少ない冬場に咲く菊として、江戸時代から栽培が本格的に始まる。シルバーリーフと黄色い花がアメリカでも人気だが、紹介されたのは1989年。けっこう最近だ。

ホトトギス

Hairy toad lily　　7～10月

日本固有の多年草。和名の「ホトトギス」は、花の斑点が鳥のホトトギスの胸の模様に似ていることに由来。実際に鳥のホトトギスと見比べると……あまり似ていない気がする。ちなみに、鳥のホトトギスが飛来しない欧米では、花や葉の斑点がヒキガエルの模様に見えるらしい。なので英語名は「toad lily（ヒキガエルのユリ）」。
日陰の崖地に佇むように咲くのだが、その姿が日本人に古くから愛されている。とくに茶道の場では格調高い花とされ、茶花や生花としてよく用いられている。

シュウメイギク

Japanese anemone　8~11月

細く伸びた茎の先端に花が咲くのが特徴。花びらに見えるものは萼で、花びらそのものが存在しない。花後は球状の雄しべがポツンと残るのが面白い。そのまま放っておくと中から綿毛が飛び出し、次々に飛んでいく姿が観察できる。

グレビレア

Grevillea　11～3月

オーストラリアおよびオセアニアに自生する中木。現地では鳥が訪れてくれる木として知られる。甘い蜜が美味しいらしく、アボリジニが水で割ってジュースとして飲んでいたらしい。ただ、種によっては花が有毒なのでオススメはしない。

モミジアオイ

Scarlet rosemallow　7～9月

アメリカ南東部原産。ハイビスカスと同じアオイ科だけあって花がよく似ている。花は一日で散ってしまうが、次々に咲いてくれるのが嬉しい。和名の「モミジアオイ」は、葉っぱがモミジに似ていることから。そのまんまである。

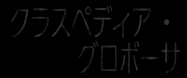

クラスペディア・グロボーサ

Billy buttons　　6〜11月

オーストラリアおよびニュージーランドの乾燥地帯に自生。現地では多年草だが、多湿に弱く花後に枯れるため、日本では一年草扱い。なんともいえない個性的な姿と花持ちの良さから、切り花やドライフラワーとして大人気。

アメジストセージ

Mexican bush sage　8〜11月

メキシコ原産の多年草。ぱっと見大きくなさそうだが、花序だけで15cmを超えるのでなかなか雄大。蜜が多いので、さまざまな昆虫が訪れてくれる。原産地ではハチドリもやってくるぞ。ちなみに名前はセージだが、薬効のあるセージとは別種。